世界で一番怖い答え

フジテレビ 世界で一番怖い答え 製作委員会 監修

宝島社

はじめに

突然ですが問題です。

あなたは小さい頃から両親に
〝この扉だけは絶対に開けるな〟と言われていました。
ところが、ある日好奇心に負けてその扉を開けてしまいました。
そこには何があったと思いますか?

これは、フジテレビにて不定期で放送されている深夜番組
「世界で一番怖い答え」で出題された問題です。

「世界で一番怖い答え」はくりぃむしちゅー有田哲平がＭＣを
務めるクイズ番組であり、本書には、過去４回にわたる放送の
中から選りすぐった問題のほか、新規問題も多数掲載。

問題は、『放送禁止』シリーズの長江俊和や、YouTubeチャンネルも人気の怪奇ユニット「都市ボーイズ」をはじめとする、〝その道〟のプロたちが提供しています。

問題に隠された恐ろしい真実を見つけ、ぜひ「答え」を導き出してください。

本書における「答え」は、あくまでも、番組「世界で一番怖い答え」が考える「最も恐ろしい答え」であり、正解はほかにもあるとか、ないとか……。

見慣れた日常に潜む、背筋も凍る恐怖の答えを、あなたは見破ることができますか？

フジテレビ「世界で一番怖い答え」製作委員会

contents

chapter 2 実際にあった世界で一番怖い答え

contents

chapter

1

文章から読み解く世界で一番怖い答え

chapter 1

本章の問題は、文章のみで構成されている。
見逃しそうな1文にも、答えを見つけるヒントが
隠されているかもしれない。
より多くの正解を導き出した者には、
「ナイスホラリスト」の称号が与えられる。

question

01

試着室

これは私がセレクトショップへ行った時の話。
かわいいワンピースを何着か見つけたけど、
最近ちょっと太ってしまったかな……と思い、試着をすることに。

「入るかな……」

試着室に入ろうとすると店員にこう言われた。

「フェイスカバーをお願いできますか？」

私はフェイスカバーを受け取り試着室に入った。
でも、面倒くさかったのでフェイスカバーを使わずに試着した。
結局、ワンピースは入ったもののパツパツで、何も買わずにお店を出ようと

question

02

手紙

半年前、妻子がいるにもかかわらず、
つい酔った勢いで飲み屋で知り合った女の子と一晩を共にした。

体の相性がよく、その後も定期的に逢瀬《おうせ》を重ねた。

ある時から、彼女が妻と別れてほしいと言い出したので
煩わしくなりそれ以降会うのをやめた。

しかし、先日、自宅に彼女から封筒が届いた。
中を開けるとちぎったような紙の破片が１枚だけ入っていた。
よく見るとそれは写真の切れ端のようで白い雲のようなザラザラした模様が
写っていた。

「なんだこれ？」

翌日も封筒が届き、今度は黒っぽい模様の写真の切れ端が1枚だけ入っていた。

「なんだよもう、気持ち悪いな」

同様のことが何日も続いたある日、ふと私はその写真の切れ端を並べてみた。

そして、ようやくその意味に気づいた。

彼は何に気づいてゾッとした？

answer

02

赤ちゃんのエコー写真だった

「子どもができたから責任を取って妻と別れろ」という強い想いが込められていた。

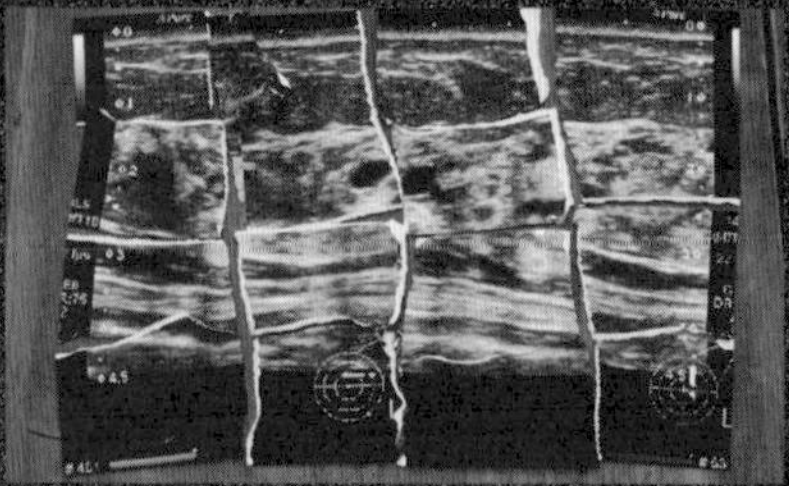

question 03

夏休み

僕は友だちのケン君と一緒にプールに行こうとしていた。

すると前の方からケン君のお母さんが自転車に乗ってやってきた。


「ケン！　何やってるの！」

「何って　今からプールに行くんだよ」

「今日はずっと前からみんなでおばあちゃんのとこに行くって決めてたでしょ！」

「え、行きたくないよ！」


その後も、何度もケン君は行きたくないと言っている。


「シュンにも悪いし……」

「でも、前から決まってたんじゃしょうがないよ」

「そうだな……ごめんな」

「うん。またな！」

「じゃあバイバイ」


仕方がないと思い僕はケン君をお母さんと一緒に帰らせた。

だが翌日、僕は昨日のことをとても後悔することになった。

シュンが後悔してしまったのはなぜ？

answer

03

翌日、ケン君の一家心中のニュースが報じられたから

実はケン君のおばあさんはすでに亡くなっていた。母親が「おばあちゃんのとこに行く」と言ったのはみんなで一緒に天国に行くということ。つまりケン君家族はあの日一家心中することを前から決めていたのだ。最後に後押ししてしまったのは僕？

question

04

空き巣

「ピリリリリリッ」

携帯電話の着信音が聞こえる。

「ハイ」と、勢いよくビデオ電話に出たのはエミ。

なんだか忙しそうに、どこかへと向かっている様子だ。

「もしもしエミ？　これから一緒にランチに行こうと思ったのに、どこに行っちゃったの？」

と、同僚らしき女性は問いかける。

「あー、今はそれどころじゃないの。家に忘れ物しちゃって、午後からの会議資料を取りに帰っているところなの」

そう急ぐ彼女は、やっと家の玄関に到着したようだ。鍵を手にすると「ガチャッ……」とドアを開ける。

「え？　待って、これってどういうこと……？」

彼女の驚いた声と一緒に映ったのは、ぐちゃぐちゃになった部屋の中。雑誌や洋服が乱雑に散らかっていて、誰かに荒らされたように見える。

「空き巣に入られたみたい……」と、動揺を隠しきれない様子で彼女はつぶやく。

「空き巣？ 通帳とか確認したほうがいいんじゃない？」と同僚に言われ、彼女はタンスの引き出しを確認する。

「ああ、よかったー。通帳は大丈夫みたい。てかさー、今日寝坊して慌てて家を出たから、鍵をかけるのを忘れちゃったんだ……私って本当に抜けているよね」

すると同僚は焦った様子で「ねえ、ちょっと待って。エミ、そんなことより早く家を出て！」と叫んだ。

さて、同僚が気づいたゾッとする事実とは？

answer

04

空き巣犯が家の中にいる

エミは寝坊して鍵をかけ忘れていたと言っていた。にもかかわらず、家の鍵はかかっていた。

question

05

ペンション

大好きな彼と海沿いのペンションにやってきた。
オーシャンビューのリビングルーム。
対面の寝室の窓からは海とは反対側の自然あふれる山の風景が見える。
ずっと前から一緒に来たいと思っていた。

「素敵ね」

最高のロケーションに私のテンションも上がり彼の手を取って寝室へ。
ドアを閉めそのままベッドへと倒れ込む。
その時、彼の瞳にはコバルトブルーの海が反射していた。

このペンションの中で起きていた
ゾッとすることとは?

answer

05

彼はバラバラ死体だった

なぜなら、山側の寝室にいるはずの彼の瞳に
海が映ることはない。
つまり彼の首だけがリビングに置いてあった。
そして「彼の手を取って寝室へ」とはバラバラに
した「手」だけを取って寝室に持っていったのだ。

question

06

キャッチボール

休日の早朝、私は幼い息子と近くの公園でキャッチボールをしていた。

ふと見ると公園の雑木林の奥に黒っぽい影が……。

目を凝らして見ると60代くらいのツナギを着た男性が少し左右に揺れながら怒った顔をしてこちらを睨んでいた。

「あれ、ここ球技禁止だっけ?」

そう思いながら、しばらくキャッチボールを続けていたが、
その男性はやっぱり血走った目でこちらをじっと睨んでいた。

さすがに怖くなってキャッチボールをやめて帰ろう……。
そう思った時だった。

「あっ‼」


息子が投げ損なったボールが運悪く、その男性の方へ転がっていく。

何か言われたら嫌だなと思い、ビクビクしながらボールを拾いに行った。

すると男性がなぜじっと睨んでいたのか、その理由が分かり、私は恐怖で動けなくなった。

その男性はなぜ睨んでいた？

answer

06

首を吊っていたから

男性は自殺した遺体。少し左右に揺れていたのは木にぶら下がっていたから。
首が締まった苦しさから目が血走り、睨んでいるように見えたのだ。

question

07

悪霊

父と母、そして娘の3人家族が幸せに暮らしていた。

だがある日、愛娘が悪霊に取り憑《つ》かれてしまった。

両親は娘を救うため、聖職者、いわゆるエクソシストに依頼。すぐに悪霊払いの儀式が行われた。

しかし、健闘むなしく儀式は失敗に終わり、娘が悪霊に苦しめられる日々は続く。やがて……

「ご臨終です」

医師により娘の死亡が宣告された。

あまりにも早すぎる娘の死を受け入れられない両親。心の整理もつかないまま葬儀が行われた。

「悪霊に苦しめられたあの子。せめて天国では安らかに過ごしてくれたら……」

式が終わると娘は棺《ひつぎ》に入れられ、そのまま埋葬された。

しかし、恐怖はこれで終わりではなかった。

「ドンッドンッ」

「ギィ……ギィーーギィーーーーー」

人などいるはずもない夜の墓地。娘の墓のあたりからは、何かを叩き、ひっかくような不気味な物音が夜な夜な聞こえてくるように。さらには……

「キャアアアアアアアアーーーーー」

断末魔のような叫び声が聞こえることも。

娘の墓を掘り返した両親たち。

すると、恐ろしい事実を知ることになる。

両親が知った恐ろしい事実とは？

answer

07

娘を生きたまま埋葬していた

死亡宣告というのは医師の誤診であった。悪霊のものと思われた不気味な物音や断末魔の叫びの正体は、棺の中で息を吹き返した娘。暗闇と恐怖の中で必死に助けを求めた際に発したものだったのだ。

question

08

VRゲーム

オンライン戦争アクションゲームにハマり中の俺は、ＶＲ機器を装着して、いつもの仲間２人とインカムで話しながらオンライン対戦に興じていた。

金曜の夜から、40時間以上ぶっ続けでプレイ中。

「じゃあ、俺が突っ込むから援護よろしく」

「了解！」

「ミスんなよ」

「あ？ 誰に言ってんだよ！ よし、行け行け!! オラオラオラオラ!!」

あと少しで、完全勝利と思われたところで、急に真っ暗になった。

「はぁ!? 停電!! うわ～マジかよ!?」

「何やってんだよ！」

「頼むよ」

「わりーわりー、停電で落ちちまった」

しかし、このあと、俺はあることに気づいてゾッとした。それは一体何？

answer

08

失明していた

停電ならば、インカムも停止しているはず。

つまり停電してはいない、にもかかわらず視界が真っ暗になったということは、視神経が切れ、何も見えなくなってしまったから。

question

09

ダイエット

〝あなたも2週間でいきなりマイナス10kg！〟

そんな広告の謳《うた》い文句に釣られ私はとあるクリニックへ行った。

話を聞くと、簡単な手術を行うみたいだ。
しかもラッキーなことにキャンペーン中なのか、半額でいいとのこと！

なんて自分はついているんだ！

全身麻酔があることに少し驚いたが、手術は成功。

入院中に気づいたのだが、そのクリニックは設備も最新で清潔感もあり、
お金持ちやセレブの利用者も多いそうだ。

数日後、退院することになり、私は恐る恐る体重計に乗ると、マイナス７kg。

「これからどんどん痩せていきますよ！」

急激なダイエットをしたからか、体がだるい。
でも、看護師の言葉を信じて頑張るぞ！

しかし、その後私はある事実を知り
ゾッとすることに……それは一体？

answer

09

臓器が一部なくなっていた

体がだるいのは臓器を失ったから。

そのダイエット業者は悪徳会社で、安くできることで飛びついた人たちから臓器を摘出し、適合者の金払いの良いセレブ患者に移植手術をしてお金を儲けていた。

question

10

事故物件

これは僕が数年ほど前に引っ越しを考えていた時のことだ。

不動産屋で部屋を探していると相場よりかなり安い物件を発見。

「なんでこんな安いんですか？」

「あ〜これ事故物件なんだよね……」

話を聞くと、どうやら数カ月前に夫婦の殺人事件が起こった部屋のため格安だという。

「奥さんの遺体は発見されたんだけど、旦那さんがいまだに行方不明なんですよね……」

安さに魅力は感じたが、気味悪さがあって迷っていると不動産屋に大柄の男が入ってくるなり、その事故物件に即決してしまった。

迷っていた時に横から入って即決されたので、「待ってください！　僕が先に……」と言いかけると大柄の男が睨《にら》んできた。

そこでビビッてしまい、結局譲ることにした。

しかし僕はその数日後、ある報道があって心底あの部屋に決めなくてよかったと痛感した。

その出来事とは？

answer

10

大柄の男が殺人犯だった

事故物件の殺人事件は未解決で、その部屋にはまだ旦那の死体が隠されていた。
それを犯人の男が入居者として戻ってきて回収したところを逮捕されていた。
もし自分が入居していたら、殺されていたかもしれない。

question

11

彼氏

彼氏と付き合って1年。

彼はとても穏やかな性格で、今まで喧嘩もほとんどしたことがない。
しかも大のおしゃべり好きで、朝まで盛り上がることも。
私たちは決して美男美女じゃないけど、
みんなにお似合いカップルと冷やかされるほど。
私は幸せいっぱいだった。

でも最近、彼氏の様子がおかしい……。

一緒にいてもほとんどしゃべらないし、遊びに来ても、やることをやったらすぐ帰ってしまう。

不安になったので友だちに相談したら、

「長く付き合ってるんだからそういう時期もあるんじゃない？」

「そうなのかなぁ……」

「そうだよ。あっそう言えば、有名な○△美容整形外科あるじゃん、あんたの彼氏あそこから出てきたよ（笑）」

「え？ どこを整形したって言うの？ 全然かっこよくなってないんだけど（笑）」

しかし後日、真相を知ってゾッとした。

その真相とは？

answer

11

別人が整形して彼氏になりすましていた

私が彼氏だと思っていたのは、別の男性（ストーカー）。しゃべらなかったのは声を出すとバレる恐れがあるから。

その男によって、彼氏はすでに殺されている。

question

12

投げ銭

地下アイドル・奏絵は、バイトをしながら
なんとかアイドル活動を続けている。

しかし、急なオーディションが入ったことで
バイトを休まなければならなくなり、クビになってしまった。
オーディションの結果も落選で、肩を落として帰る。
アパートのポストには電気代の督促状が届いている。

「もう限界かも……」と感じる奏絵。

それでも、日課であるライブ配信の時間がやってきた。
その日も数人だけの参加者が、ライブ配信を視聴している。
「今日もオーディションダメだったよ……」とつぶやくと、一番の男性ファン、
アキラがコメントを書き込んでくる。

「大丈夫。奏絵ちゃんの頑張りを僕は知ってる」

「僕はいつでも見守ってるよ」

「きっと、いつか報われる日が来るよ。これで何か食べてね」

その言葉と共に、千円の投げ銭が入る。奏絵は涙が出そうになった。

「アキラさん……いつもありがとう……」

１人でもファンがいることが、奏絵の支えだった。

しかし奏絵は数日後、ＳＮＳである書き込みを見てゾッとする。

何が書き込まれていた？

answer

12

アイドルの人生を弄《もてあそ》ぶ、アキラの真意が書き込まれていた

アキラと書かれたアカウントの投稿には、「売れないアイドルに適当に投げ銭してやると、やる気を取り戻して頑張りはじめる。こんな簡単なことで、アイツらはやめる機会を失う。俺は数千円、数百円使うだけで、アイツらの人生をコントロールできるんだ」と書かれていた。アキラは、投げ銭という餌を売れない奏絵に与え、奏絵の人生をコントロールする全能感を味わっていたのである。

question

13

誘い

前に2回ほど近所でデートした男性がいたが、結局性格が合わず付き合うことはなく、別の男性と付き合うことに。

ある日、私が彼の家で過ごしていると、その男性から

〝近くまで来てるから会わない？ 飲みに行かない？〟

と急にＬＩＮＥが来た。どうやら、私の家の近くに用事があったみたい。

今の彼氏の存在を伝えるのもどうかと思い、やんわり断ったが、彼は

〝少しの時間でいいから。今、駅前の×××ってクリーニング店の向かいにある公園にいるよ〟

と言う。

私の最寄り駅には、確かに公園はあるが、向かいにそんな名前のクリーニング店はない。おかしいなと思いながらも〝今日はゴメン〟と謝って断った。

翌日、偶然その公園を発見した瞬間、恐怖に襲われた。

それは一体なぜ!?

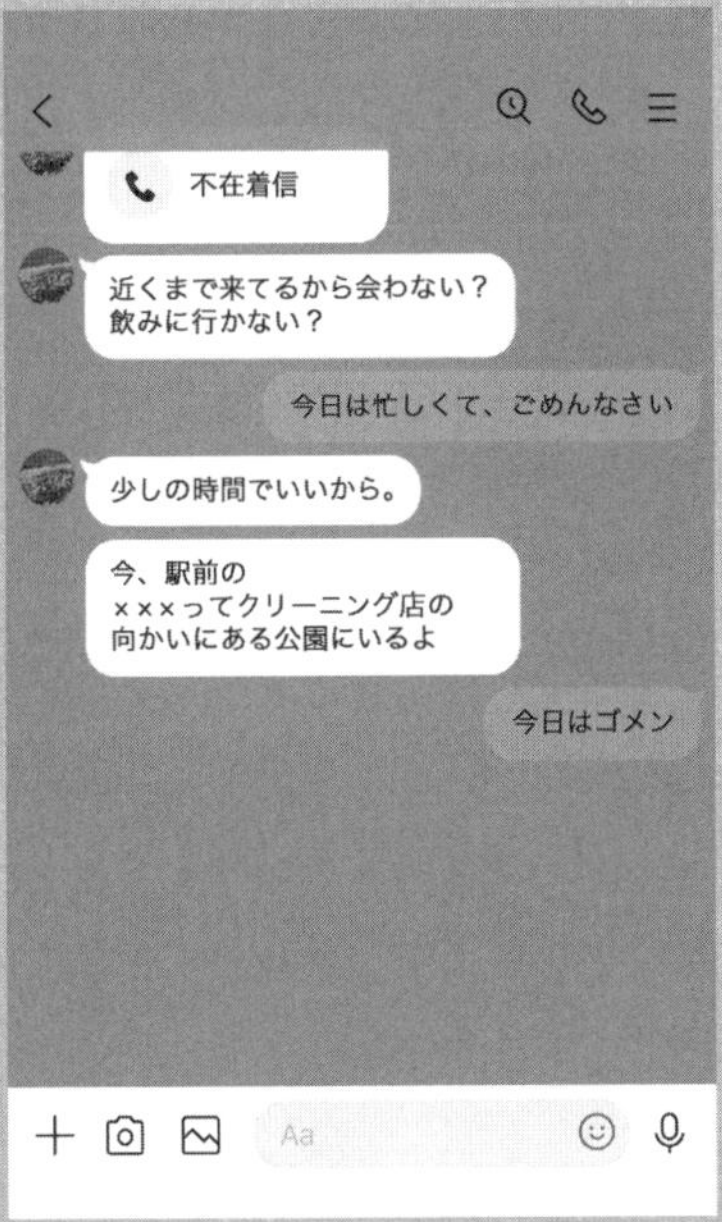

answer

13

彼の家から一番近い駅の公園だったから

彼女と付き合えなかったその男はストーカー化していた。今彼女がいる場所も把握した上での連絡だったのだ。

question

14

プレゼント

彼氏のタケルとテレビ電話で話しながら帰っているユミ。

ユミ「……ああ、疲れた、もうクタクタだよ」

タケル「最近、残業多いよね」

ユミ「ウチの会社、年末が近づくといつもこうなのよ。あ、そうだ！この前のプレゼントありがとう」

タケル「あ、飾ってくれた？」

ユミ「うん、キレイな絵だからね、来た人たちに見てほしいから玄関入ってすぐのところに飾ったよ」

タケル「暗くして見てくれた？」

ユミ「見た見た、電気消したら星座が光るんだもん。ほんと、素敵よねぇ」

タケル「いいでしょう」

ユミ「でもなんであれ、光るの？」

タケル「あの絵には光を溜めることができる特殊な塗料が使われてるんだよ。電気をつけている時は照明の光を溜めてるんだけど……暗くすると、その溜まった光が放出されるんだ」

ユミ「へぇ……、あ、そろそろ、家着くよ」

ユミは家の前に到着した。

タケル「よかった、何もなくて……」

ユミ「心配しすぎよ」

タケル「だって、ユミの家の近くは街灯も少ないだろ、それにこんなに遅いし、何かあった時のためにこうやってつながっていた方がいいだろ？……ユミは1人暮らしだし、心配なんだよなぁ」

ユミ「ありがと、タケルはいつも優しいね」

ユミは家の鍵を開け玄関に入り、靴を脱ぐ。

ユミ「じゃあ、家着いたから、お風呂入ってからまた連絡するね」

一瞬、玄関に飾った絵が見える。星座の部分が美しく輝いている。

タケル「うん、分かった……ん？ ちょ、ちょっと待って！ ユミ！」

このあと、ユミに起きた悲劇とは？

answer

14

部屋にいた何者かに襲われた

タケルからもらった暗闇の中で光る絵。それは周りの光を吸収することで発光する特殊な塗料が使われていた（蓄光塗料）。しかしユミが家にいない間はこの部屋はずっと真っ暗だったため絵が光っているはずはない。ということはつまり……さっきまでユミの部屋で電気をつけていた人物がいるということ。

question

15

ピクニック

夏休みのある日、僕はパパと2人でピクニックに出かけた。

森の中を歩いていると……

「これなんだろ？」

僕は落ちている真っ赤なスマホを見つけた。

スマホのロックはかかっておらず、開くとなにやら書きかけのメールが出てきた。

メールには、こんな文字が。

『火と空　隈　葦　悔いても　杭　メモ　空』

「パパ、なんて書いてあるの？」

僕はパパにスマホを渡した。

「ん？ なんだこれ!? ぎゃ〜〜〜〜!!」

一体なぜ、父親は悲鳴をあげた？

answer

15

メールの文字を
ひらがなにすると
ひとくう くま あしくいて
もくいめもくう
「人食う熊　足食い　手も食
い　目も食う」

スマホは熊に襲われた人の所持品。慌ててメールを打ったので誤変換した。〝真っ赤なスマホ〟とは血でべっとり汚れた跡。

question

16

サウナ

俺たち兄弟は１５０kgを超える巨漢だ。

昨今のサウナブームもあり、いろいろなサウナに行っている。

いつもは10分ほどで出るのだが、その日は違った。
先に出た方がビールを奢《おご》るという子どもじみた勝負のため、
お互い意地を張り続けた。

「諦めちゃいなよデブ！」
「はあ？ アニキの方がデブだろ？」

俺らの他にもう１人の客が迷惑そうにこちらを見てくる。しかし限界がきた弟が先に抜けた！

「ふう、なんとかビールゲット！」

その後、俺もサウナを出たのだが頑張りすぎたらしく、ブラックアウトした。

「兄ちゃん、兄ちゃん」

気づくと俺はサウナのドアにもたれかかっていた。

「え？ どれくらい落ちてた」
「多分30分ぐらいじゃない？ 死んだかと思ったよ。ダイエットしなよ」
「お前が言うな（笑）」

俺はシャワーを浴びに行くと、

あることに気づいてゾッとした。

answer

16

サウナの中にもう1人いる

150kgの巨漢がドアにもたれかかっていたら、ドアを開けることすらできない。弟が出たのは約10分後、しばらくして兄が出てそこから、さらに30分……

つまり、中にいた1人は……。

question

17

にらみあい

ある日、Sさんが街をぶらぶらしていると……ロータリーの中央で、自転車に跨《また》がっている男と目があった。

男性はこっちをじっと見つめている。

「チッ、なんだこいつ」

昔、不良グループにいたSさんは喧嘩には自信があったので、その男を睨み返した。

思いっきり睨みつけても男は一向に目を逸らさない。

そこで、Sさんは挑発するように、ロータリーの周りを一周した。

もちろんしっかりと相手の目をガン見しながら。

すると男は一歩も動かず、しかも目線を外すことなくSさんのことを睨み続けていた。

「なんだコイツ！　一発殴ってやろうか……」

そう思った時、Sさんはある違和感に気づき、慌てて、その場を立ち去った。

Sさんが気づいた違和感とは？

answer

17

男性の首が360度回っていたから

その男性はその場から1歩も動かず目をあわせたままだった。つまり首だけを360度回してSさんのことを睨んできたのだ。

question

18

AIスピーカー

家電オタクの私は、最新のスマート家電に囲まれた超快適ライフを送っている。掃除や洗濯など家事は全部この家電たちがやってくれる。

なかでも最近のお気に入りは「ＡＩスピーカーのキボウ」だ。友人が来た時も

「キボウ、コーヒーをいれてくれる？」

「かしこまりました、２人分でよろしいでしょうか？」

「すごっ！　そんなことまでできるの⁉」

「しかも人がいないと電気も勝手に消してくれるから節電対策にもなるんだ」

しかし、数日後、夜中に目が覚めると、リビングの電気がつきっぱなしに。故障したのかな？　何度か同じ現象が起こったので、メーカーに見てもらうも特に異常は見当たらなかった。

「じゃあ、寝るね」

「おやすみなさい」

ちゃんと電気も消えてるし、気のせいだった。しかし数時間後――

「◎$♪×△¥●&」

急に鳴り響くスピーカー、しかも消えているはずの電気がついている。さらに、急にしゃべり出した。

「こんばんは、今日は湿気が凄いですね」
「わぁ、なんなの急に!?」
「かしこまりました。エアコンを起動しますね」
「ちょっと、勝手なことしないでよ！……もういいや、キボウお茶をいれてくれる？」
「かしこまりました……」

このあと、キボウの言葉に、私は戦慄を覚えた。

answer

18

2人分でよろしいでしょうか?

うしろを振り返ると、見知らぬ女の人がいた。「きゃあああああ」思わずしゃがみ込んでしまう。恐る恐る見ると、そこにはもう誰もいなかった。その後、警察を呼んだが、特に指紋などは検出されなかった。私が見たあの女は一体?

question

19

年賀状

これは、昔付き合っていた彼女についての話である。

3年前に別れた元カノのリカから年賀状が届いた。


～3年前～

「お待たせ～。はい、ごはんできたよ」

「おっ、うまそう」

当時、元カノのリカからの猛アタックに負け、俺は彼女と付き合いはじめた。

「どう？」

「うん！　おいしい！」

「よかった～。ねえ、一生大好きだよ。亮太」

「いきなりなんだよ」

彼女との生活は順調で、俺のことを大好きだと言って尽くしてくれるのがうれしかった。

しかし……

「どこにいるの亮太？」「返信ないけど亮太？」「亮太？」「亮太？」

ひっきりなしに届くメッセージ。
着信履歴は「リカ」でびっしり埋まった。
束縛の強い彼女に嫌気がさし、とうとう俺たちは別れた。

〜現在〜

「昨年、結婚して子どもが生まれました！」

こちらを見て微笑む赤ちゃんの写真。

その下には、新年の挨拶とリカからの結婚報告が家族の連名とともに書かれている。

「あいつも吹っ切れて、幸せになったんだな〜」

年賀状を見て、亮太ははあることに気づいてゾッとした。

何に気づいた？

answer

19

子どもの名前が自分の名前だった

彼女は吹っ切れていたわけではなく、子どもに同じ名前をつけるほど亮太への未練を残していたのだった……。

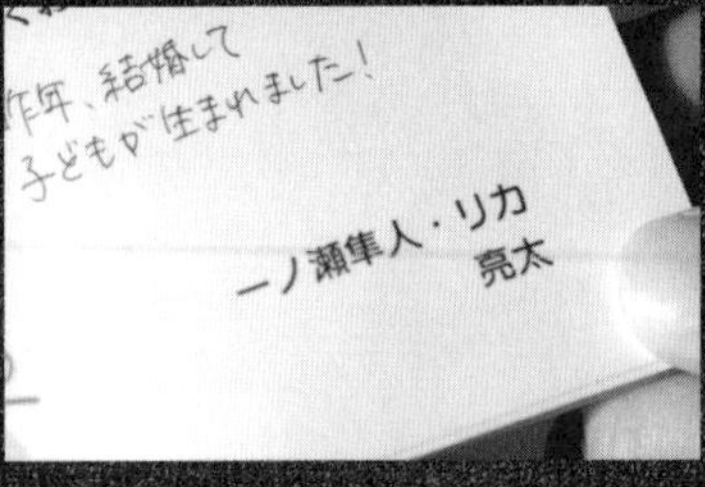

question

20

探偵

妻は、夫に浮気の疑いを持っていた。

夫は毎週水曜日になると必ず、残業と言って帰宅が遅くなる。

理由を聞いてもはぐらかされるだけではっきりとしたことはわからない。

そこでついに妻は、探偵に浮気調査を依頼することに。

1カ月間の調査をしたところ、毎週水曜日にある女性と夫は仕事終わりに会っていることが判明した。

その報告を受けて妻は大激怒。妻が取った行動は意外なものだった。

このあと、妻が最初にとった恐ろしい行動は?

answer

20

探偵を殺した

実は夫と不倫相手を殺す決意を固めた妻は、
自分に疑いがかかることを考え、
真っ先に証拠隠滅のために探偵を殺した。

question

21

リモート飲み会

今日は、工場長でもあるうちの親父と、従業員たちが集まるリモート飲み会。

折からの不況で、先日うちの工場はついに閉鎖が決まってしまった。
最後は華やかに打ち上げをしたいが仕方なくリモートでのお別れ会となった。
親父はもちろん、40年以上勤めている古株の社員たち、経理のおばちゃん、
みんな泣いていた。

親父「これ飲むと、あとが楽らしいぞ」

親父は錠剤を取り出して飲みはじめた。
みんなも親父にならうように飲みはじめた。

やはり、寄る年波には勝てないのか、二日酔いのことなんか気にせず
豪快に飲む親父を知っている俺は少し切なかった。

親父「では長い間ありがとう、乾杯」
一同「乾杯!!!」
親父の音頭で乾杯が終わると、みんな、準備よく七輪に火を入れはじめた。
しかし次の瞬間、俺はあることに気づいてゾッとした。

ゾッとした理由とは!?

answer

21

集団自殺だったから

七輪には焼き物を置く気配がない。
みんなが飲んだのはウコンなど二日酔い防止の錠剤ではなく、睡眠薬。
そう、これは集団で行うリモート自殺だったのだ。

question

22

手術

ある病院に、有名な外科医がいた。

その外科医は患者の身体的データについて、
隅々まで入念に調べた上で手術をすることで知られていた。
救った命は数知れず、多くの人間から感謝され、尊敬を集めていた。

ある日、外科医は今までと同じく、事前に患者のデータを隅々までチェックし、
手術に臨んだ。

いつもと違うのは、少し驚いたように、
そのあとはとてもうれしそうに手術をはじめたこと……。

しかし、その手術は、外科医にしては平凡なミスを犯し失敗。

その患者は亡くなってしまった……。

その後、調査を進めると外科医の手術に関するゾッとする事実が明らかになり、人々は驚愕する。

その事実とは？

answer

22

救いたい別の患者に適合する臓器を提供するため意図的に患者を死なせた

外科医には、どうしても救いたい別の患者がいた。しかし、適合する心臓を持つ提供者が現れず、長年待っている状態だった。外科医が手術前に毎回、入念に患者のデータをチェックしていたのは適合する心臓を持っているのか、さらには、死亡の際にその患者が「自身がドナー提供者になることを希望している」のかを調べるためだったのだ。

question

23

遠距離恋愛

私は、友人の結婚式の2次会に出たあと、飲み足りなくて少し小洒落《こじゃれ》たバーに入ってみた。

すると、タイプなイケメンが1人で飲んでいる。

他に客もいなかったので、しばらく談笑しながら一緒に飲んだ。

面白くて飲み方もスマート。

すると流れで夜のお誘いが。

遠距離だけど、彼氏が居たので「無理ッス」と断ってすぐ店を出た。

帰宅後、彼からメッセージが来てその文面にゾッとした。

一体何が書かれていた？

answer

23

信じてたよ

バーで出会ったイケメンもグルだった。

question

24

メイキング映像

売れない俳優の友人が、とあるサークルの自主映画に出演するということで、YouTube用にこっそりカメラを回すことを頼まれた。


「しっかり俺の勇姿を撮ってくれよ」

「お前、冒頭で殺人鬼に殺される役だろ」

「うっせーな、久々の役付きなんだよ」


待ち時間が長かったが、ロケ場所が樹海ということもあり、俺は隠しカメラで台本や、小道具、衣装などいろいろと撮っていた。

ある場所で、助監督と美術チームが、マネキンにナイフを刺していた。

メイキングっぽいのが撮れてよろこんでいたら、

「おい、何やっている!?」

と凄い剣幕で助監督に怒られた。
スケジュールが押しているためか、殺気だってる。
俺はそのまま逃げるよう現場から立ち去った。
まあ、撮るものは撮ったので、友人に怒られることはないだろう。
しかし、録画されたメイキング動画を見て俺は血の気が引いた。

その理由とは？

answer

24

この自主映画はスナッフフィルム

スナッフフィルムとは実際の殺人の様子を撮影した映像作品。

なぜ、マネキンにナイフを突き刺す必要があったのか？ つまり、助監督たちが用意していたのは本物のナイフだった。

question

25

嫌がらせ

これは僕が大学生の頃の話。

彼女の度重なる浮気が原因で、僕は別れを告げた。

元カノはしばらく僕に付きまとっていたが、抗議をするといなくなった。

しかしその後、アパートのドアが凹《へこ》んでいたり、郵便受けにゴミが投げ入れられたりと嫌がらせが多発。

その日も、僕が自分の家に帰り、リビングの電気をつけると、ベランダの窓に大きく「死ね」と赤い文字が書かれていた。

「うげ〜、血文字ってマジかよ⁉」

僕は恐る恐る窓に近寄って文字を指でなぞると、それは血ではなく、口紅で書かれていた。
元カノがよく使っていたのを思い出し
「やっぱりアイツだな犯人は……」
とムカついた僕だったが、あることに気づいてゾッとした。

それは一体何？

answer

25

元カノが自分の部屋に侵入している

その証拠に、文字が窓ガラスの内側に書かれている。

question

26

親友

フォトグラファーとして修行中のあかり。

最近ようやく独立して、仕事も軌道に乗りはじめた。

そんな時、小学校時代からの親友・友理奈から連絡が入った。

「久しぶりに遊ばない？」

あかりは誘いに応じ、２人は久々に再会した。

友理奈はあかりが写真家として活躍していることを心からお祝いしてくれた。

友理奈が思い出話ばかりして、現在のことを語らないのをあかりは少し不思議に思ったが、たくさん話し、写真を撮ったりして楽しい時間を過ごした。

数日後——。あかりの元に一本の電話が入った。

電話の主は、友理奈の母だった。

「友理奈が亡くなったの」

その言葉に驚愕するあかり。
友理奈は自殺したのだという。母親はさらに続ける。
「実はね。友理奈が遺書を残していて……。
もう、心残りはないって書いてあったの」

あかりは友理奈の母から説明され、友理奈の真意を知り、もっと驚愕する。

あかりが知ったゾッとする真実とは？

answer

26

遺影にふさわしい笑顔の写真をあかりが撮ってくれたから

高校・大学と活発で、クラスの中心にいた友理奈だったが、就職した会社では、うまくいかず、思い悩んでいたのだという。うまく笑えず、ここ最近は笑顔の写真など、一枚もなかったらしい。

自分が写真を撮らなかったら、友理奈は生きていられたのだろうか？

question

27

動機

無残な姿に変えられた、男性の遺体が見つかった。

目玉はくりぬかれ、髪の毛がむしり取られ、

両足首から下が切り落とされていた。

警察は捜査の末、犯行現場付近の防犯カメラに映っていた犯人の男を逮捕した。

男はあっさりと犯行を認めた。

さらに男は、残忍な犯行について「ずっと夢に見ていた」と語る。

「では、被害者男性によっぽど強い恨みがあったんだな?」と警察が尋ねると、

犯人は「いいえ。彼は赤の他人です」と答える。

男の言う通り、警察の捜査では男と被害者に接点は見つかっていなかった。

「それなら、残酷に殺せれば誰でも良かったということか？」
「それも違いますよ。被害者は、彼じゃなきゃダメだった」
犯人の言葉に、首をひねる警察官。

その後、警察はついに真実を突き止める。

男は逮捕されてから一貫して、一切嘘をついていなかったのだ。

男の動機が報道された時、人々は驚愕した。

男はどうして男性を殺害したのか？

answer

27

動機は「夢で見た景色を再現する」ことだった

「ずっと夢に見ていた」という犯人の供述。それは文字通り、何度も同じ夢を見ていたという意味だったのだ。男性の目玉をくりぬき、髪をむしり取り、両足首を切り取る夢。犯人は繰り返し、この夢を見た。やがてそれは切実な願望になっていき、夢で見る景色を現実に再現したいと思うようになったのだ。

question

28

ソロキャンプ

これは、最近流行りのソロキャンプに出かけた男の話である。

「うるさいから電源を切っておくか……よし！　これなら誰からも邪魔が入らないし、集中できるぞ」

作業を邪魔されたくない男は、スマホの電源を落とした。

「いや〜、とても気持ちがいいな〜」

スコップを置き、大自然の中で沸かしたコーヒーを飲みながら一息。

力仕事を終えたあとの安らかな充足感に、思わずニヤリと笑みがこぼれる。

こうして男は3日間のソロキャンプを満喫し、都内にあるマンションに戻ってきた。

「それにしても、今回はかなりハードだったなあ」

マンションの部屋でひとり、今回のキャンプを思い返しながらベッドに横たわる。

開けた窓から入ってきた風が花柄のカーテンを揺らし、
壁にあるドライフラワーに当たりカサカサと音がする。

すると突然、玄関からドアノブをガチャガチャと激しく回す音が鳴り響く。

「えっ、なになに⁉ おい、うそだろ……」

一瞬、音が止んだかと思うと、鍵が開き、そこに50代くらいの女性が現れた。

このあと起こる、ゾッとする出来事とは？

answer

28

男性は部屋の持ち主ではなく、この女性も殺害した

男は1週間前にこの部屋に住む女性を殺害していた。ソロキャンプの目的は、殺害した女を埋めるため。電源を切ったのは女性のスマホ。女性を埋めた男は、金目の物を目当てに再び女の部屋へと戻り、連絡が取れず心配して来た彼女の母親と鉢合わせをしてしまったのだった。

question

29

エレベーター

23時頃。マンションの14階。

玲子はコンビニに行くためにマンションの部屋を出た。
廊下を歩き、エレベーターホールに向かう。

その時、1人の見慣れない男性とすれ違った。

「こんばんは」と言葉を交わし、そのままエレベーターに向かった。
ちょうど開いていた下に向かうエレベーターに、さっと乗り込む玲子。
行先階ボタンを押そうとしてハッとする。

13階から1階まで、全てのボタンがすでに押されていたのだ。

「何これ？　いたずら？　もう……」

一基しかないエレベーター、玲子は仕方なしに、

一階ずつ止まるエレベーターに乗り、下に降りた。

コンビニで買い物を終えた玲子は、やがて恐怖の事実を知る。

さて、その事実とは？

answer

29

隣人が殺されていた

犯人の男はエレベーターの行先階ボタンを全て押していた。

玲子を乗せたエレベーターは各階に止まり、下に向かっていたため、逃げた女性をエレベーターで逃げることができないようにしたのだ。

question

30

脱出

ＯＬのあかりはストーカーに悩まされていた。背後をつけられたり、
「君の全てになりたい」と書かれた手紙を投函されたりと、
日々その行為はエスカレートしているように思われた。
警察に相談しても、なかなか状況は改善しなかった。

そしてある日。ついに事件は起きた。

あかりは夜道で襲われ、薬品をかがされ気を失ってしまったのだ。
あかりが目を覚ますと、そこは古い作業場のようなところだった。
イスに座らされ、手首と足首を縛られている。

「なんなの……誰か……！」叫んでも誰にも届かないようだ。

あかりが必死でもがくと、手首のロープが少しずつ緩んでいくのを感じた。

時間をかけて、ロープから解放されるあかり。

ドアに駆け寄るが、ドアは施錠されており、外に出ることはかなわない。

周囲を見渡す。朽ち果てた作業場には、古い工具類が転がっているものの、役に立ちそうなものは見当たらない。その中で唯一、使えそうなものがあった。

チェーンソーである。


あかりは手こずりながらも、チェーンソーのエンジンをかける。

「出られる……これで……出られる！」

チェーンソーでドアを壊していくあかり。

ドアノブを回すと、ドアが開く。あかりの表情に希望が浮かぶ。

しかし、そんなあかりに、思いもよらぬ恐怖体験が待っていた。

あかりを待っていた恐怖体験とは？

answer

30

図らずもストーカーを殺し殺人者になってしまった

チェーンソーでドアを破壊し、外に出たあかり。あかりが振り返ると、ドアの裏には、血みどろで死亡しているストーカー男性の遺体があった。傍らには「殺してくれてありがとう。僕を忘れないで」と書かれたメモがあった。「君の全てになりたい」と願ったストーカー男は、あかりの記憶の中で永遠に生き続ける方法を選んだのだ。チェーンソーだけが使える状態にあったのは、このためだった。

question

31

出会い系

今まで25年間、地味で引っ込み思案な性格のため彼氏ができたことのなかったマミ。

そんなマミにバイト先の居酒屋でついに初めての彼氏ができた。

するとマミに今までなかったことが起こる。

彼氏と待ち合わせしているとナンパをされたり、電車に乗っていると痴漢にあったりと男の人がマミに近づいてくるようになった。

それを彼氏に言うと必ず心配してくれるので
マミもそのたびに彼氏に報告していた。

付き合っていくうちに自信がついたマミは、彼氏との結婚を考える。

しかし、ある日、出来心で彼氏が寝ている間にスマホをチェックしてしまう。

そこには出会い系アプリが入っていた。

浮気を疑い、恐る恐るそのアプリを覗《のぞ》くとそこには驚きの事実があった。

マミが知ったゾッとする事実とは？

answer

31

マミとして登録してナンパや痴漢をしてくれる人を募集していた

彼氏には寝取られ願望の性癖があり、彼女がナンパをされたり、他の男に触られていることに興奮していた。

question

32

赤いまんま

日本の怖い昔話。

昔、ある村に金持ちの庄屋と貧乏人の家が隣り合わせに並んでいた。

ある日、金持ちの家の蔵から、ほんの一握りの小豆が盗まれた。

金持ちはひどく腹を立て、盗人は隣の貧乏人に違いないと考えた。

金持ちの庄屋は貧乏人の子どもに

「昨日の夜、何を食べた？」と聞くと、子どもは

「赤いまんま」と答えた。

これを聞いた庄屋は

「こんな貧乏人が赤飯を食うなど、盗みをしたに違いない」と責めたてた。

子どもの父親は「どんなに貧乏でも、人の物を取るように育ててはいない、何かの間違いだ」と弁明するも取り合ってもらえない。

困った貧乏人がとった恐ろしい行動は？

answer

32

みんなの前でカマで子どもの腹を引き裂いた

あらぬ疑いをかけられた父親は潔白を証明するために残忍な行動に。

お腹から出てきたのは、小さな小さな赤ガエルだった。夕べ、食べるものがなかった貧乏人は、川でとってきた赤ガエルを子どもに与えていたのだ。

chapter 2

実際にあった世界で一番怖い答え

chapter 2

本章は、実際に存在した〝怖い答え〟を集めたものである。

実際に起きた事件、実際に存在した人物、実際に伝わる話……。

恐ろしい真実は、私たちが生きる世界に潜んでいるのである。

question

33

同棲

私が年上の彼と同棲して数年が経つ。

ある時、その彼が突然逮捕されてしまった。
何が起きたのか分からないまま、
狼狽《うろた》えていた私も警察に呼ばれ事情を聞かれた。

警察に行くと「お腹が空いていないか？」とか「喉が渇いていないか？」とか、
何かと気を使ってくれた。
私が警察に呼ばれたことを心配したのか両親の姿もあった。

なぜ彼が捕まったのかは教えてもらえなかったが、
警察や家族は不気味なぐらいとっても優しかった。

私はある時、その優しさの理由を知ってゾッとした。

周囲の優しさの理由とは？

answer

33

幼い頃から誘拐・監禁されていたから

同棲していたのではなく、幼い頃から男に誘拐され、男の家に監禁されていたのだ。洗脳された自分を見て、周囲は優しくしてくれたのだった。これは１９６５年に「女子高生籠の鳥事件」として実際に起きた話である。

question

34

不妊クリニック

とある不妊治療クリニックで、体外受精で生まれた子どもたちのうち、ＤＮＡ鑑定の結果、少なくとも49人が同じ血縁上の子どもであることが判明した。

さらに、鑑定結果には、もう一つのゾッとする事実が記されていた。

それは一体何？

answer

34

49人の子どもの父親はクリニックの院長だった

つまり、体外受精で選ばれた提供者の精子ではなく、院長自身の精子を使ったのだ。

オランダで実際に起こった話で、クリニックの院長だったヤン・カールバートは２０１７年に89歳で亡くなるまで、約60人の子どもをもうけたことを認めていたとされる。クリニックは不正が報じられたあと、２００９年に閉鎖された。

question

35

看護師

病棟に緊急を知らせるブザーが鳴り響いた。

患者の血圧が突然上昇。
看護師のAさんが緊急コールをした、医師は必死の処置を施したが、その後、
死亡が確認された。

不可解なのは、その患者は、風邪をこじらせて入院していただけ。
しかもすでに回復し、次の日に退院が決まっていたその夜に心停止となった。

誰かが大量の薬を投与したのでは……。
その後も死ぬはずのない患者が急変し、次々と不可解な死を遂げる事件が3件
も発生。

医師はもちろん、同僚の看護師たちや、警備員も現場へ駆けつけ調べたが、

不審な者は見つからなかった。

しかし、その後調査を進めると、患者急変の全ての現場にいたAさんが浮かび上がった。

やがて彼女は罪を認めた。

その動機はゾッとするものだった。

それは一体？

answer

35

心惹かれていた警備員に会うため

これは１９９５年に実際にアメリカで起きた事件。看護師は、病院の警備員に心惹かれていた。会える時間がごくわずか、しかし、患者の容体が急変すれば警備員の彼は駆けつけてくる。それだけのために、患者の点滴に薬を入れたのだ。明らかになっただけでも４人の殺人罪と３人の殺人未遂で、終身刑を言い渡された。

question

36

三つ子

19歳のAは初めて訪れたキャンパスで学生たちの態度が何かおかしいことに気がついた。

みんなが、まるで旧知の仲のように接してくるのだ。

話を聞いてみると、同い年のBとうり二つだったからだという。

その後、友人の引き合わせで、AはBと会うと、まるで鏡を見ている様で言葉を失った。

この話は、地元紙にも写真付きで掲載された。

すると、この記事を目にした同い年のCは驚いた。なぜなら、彼もまた紙面の2人とうり二つだったから。

その後、Ｃが２人にコンタクトを取り会うことに。

ＤＮＡを調べると、なんと彼ら３人は三つ子として生まれたのち、それぞれ別の家庭に養子にもらわれていったという事実が明らかになった。

なぜ彼らは
それぞれ養子に出されたのか？

answer

36

別々の家庭で育てても、似た性格になるかの実験だった

これは、実際にアメリカ・ニューヨークで起きた話。それぞれの親は、我が子が三つ子だったということを知らず、３人は、幼い頃から「発達調査」という名目で毎月病院を訪れるよう医師から忠告を受けており、態度やＩＱなどを詳細に記録された。

question

37

ボニー&クライド

映画『俺たちに明日はない』で知られる、
銀行強盗のボニー・パーカーとクライド・バロウ。

１９３０年代の米国、映画スターを夢見るボニーとギャングに憧れるクライドは運命的に出会い、恋に落ちる。

車を盗み、銀行を襲っては逃避行を繰り返した。

強盗や殺人を犯した凶悪犯でありながら、貧困や禁酒法で締め付けられた当時の人々から英雄視された。

１９３４年5月23日、隠れ家に向かう途中、
待ち伏せしていた警官隊に１５０発以上もの連射を受け射殺された。という有名な２人。

だが、射殺された2人の遺体は、アルカディアという町で検視前に公開された。
捜査官が遺体を外に放置して、用事に出かけてしまったという。

そのあと、警察側の予期せぬゾッとしたことが起きた。

それは一体何？

answer

37

遺体にファンが群がった

ファンが全米から数百人以上も殺到。ボニーやクライドから記念品を奪おうと血まみれの衣服をずたずたに引き裂き持ち帰った。ボニーに至っては髪をばっさり切られて持ち帰られてしまった。人気だったのは、クライドの銃の引き金を引く人差し指や特徴的な大きな耳だったそう。

question

38

医療用人形

人工呼吸の練習ができる、医療用人形。

「レスキューアン（アニー）」

この人形は１９６０年代に発売されて以来、史上初の「患者シミュレーター」として、何億人もの人々が心肺蘇生法（ＣＰＲ）の救助方法を学ぶことに貢献した。

マイケル・ジャクソンの名曲「Smooth Criminal」の歌詞にある〝Annie, are you okay?（アニー、大丈夫？）〟のリフレインは、レスキュー・アン（ＣＰＲアニー）に話しかける救命練習の言葉からきている。

実はこの人形にはモデルがいる。

question 38

それは一体誰？

answer

38

1880年代の終わり頃パリを流れる「セーヌ川で見つかった水死体」

霊安室の係員が、少女の美しさに魅せられ、石膏型の職人にデスマスクを取らせた。そのデスマスクは流行し、その後、医療用人形を開発する際に、玩具職人レールダルは、実家にあったこの美しいデスマスクから、型を取った。

モデルとなった少女のデスマスク

question

39

インタビュー

これはあるニュース番組のワンシーン。

「昨夜、閑静な住宅街で、何者かが女性を刃物で殺害するという事件が起きました。真夜中に起きた凶行、一体何が?」と、女子アナウンサーがニュースを読み上げる。

そして次に、近隣住民と思われる3人の目撃者のインタビュー映像がはじまる。

女性A「女性の悲鳴が聞こえました。真夜中だったと思います。『殺される、誰か助けて!』と、何度も何度も聞こえました」

男性B「真夜中でしたね。人の叫び声が聞こえたので、部屋の明かりをつけて窓の外を見たら、男が女に襲いかかっていたんです。刃物を突きつけるような感じ……」

男性C「女性が襲われているところを目撃したんですよ。
尋常じゃない様子でしたね……」

事件から6日後、ニュースの続報が流れる。

「本日未明、警察は目撃証言などから犯人の男を逮捕しました。犯人は被害者とは見ず知らずの関係で、逃げる女性を執拗《しつよう》に追いかけ、何度もナイフで背中を刺したと供述しています。犯行は30分以上にも及んだ模様です」

この事件が恐ろしい理由とは？

answer

39

目撃者が通報しなかった

１９６４年3月13日、アメリカニューヨーク州で実際に起きた〝キティ・ジェノヴィーズ事件〟。真夜中といえども、これだけの目撃者がいたにもかかわらず、犯行が30分以上も行われた。つまり、目撃者は全員警察に通報することもせず、女性を見殺しにした。

この事件をきっかけに、自分以外に傍観者がいる場合、率先して行動を起こさない、「傍観者効果」が提唱された。

question

40

身代金

これは、１９７８年、スイスで起きたとある実話事件である。

「あんたの旦那は預かった。返してほしければ、60万スイスフラン用意しろ」

日本円にして約９０００万円の大金である。

犯行を計画したのは、失業中のポーランド人と東欧からの亡命者だった。

彼らが起こした異常な犯行とは？

answer

40

彼らは遺体を墓から盗み出し身代金を要求した

その盗まれた遺体とは、喜劇王のチャールズ・チャップリン。数日後、何度も同じ公衆電話を使ったことにより、犯人たちは逮捕。遺体も無事に戻った。

question

41

アンデルセン

『人魚姫』『みにくいアヒルの子』『マッチ売りの少女』などで知られるデンマークの童話作家・アンデルセン。

想像力豊かなアンデルセンは必ず毎日、枕元にメモを置いて寝ていたそうだ。

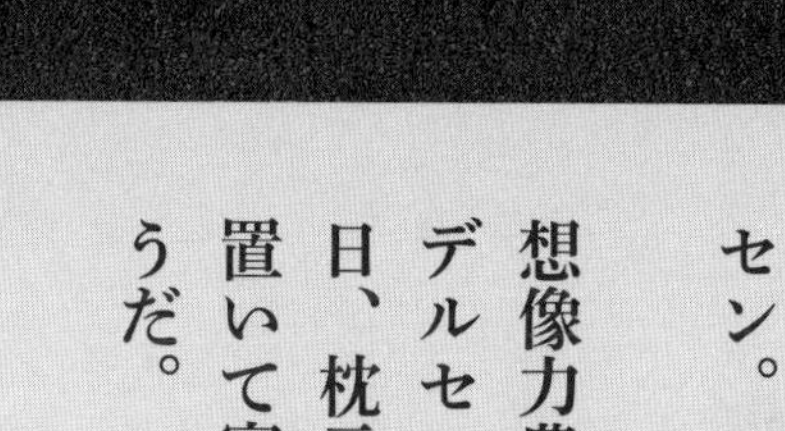

そのメモには一体何が書かれていた？

answer

41

私はまだ死んでいない

アンデルセンは極度の心配性で、「鍵をかけたか」、「旅券は持ったか」などさまざまなことに不安を感じていた。その最たる例が、自分が寝ている姿を死んでいると勘違いして埋めてしまうのでは……と心配していた。

question

42

ゴッホ

『ひまわり』などで知られる世界的画家・ゴッホはある女性に恋をしてアプローチをするが、フラれてしまった。

諦めきれないゴッホは夜になって女性の家を訪れるが、対応した両親によって断られてしまう。そこで、ゴッホはあることを提案する。

女性に会うためにゴッホが提案したことは?

answer

42

蝋燭《ろうそく》の熱さに我慢できた時間だけ会わせてほしい

ゴッホといえば自分の耳を切り落としてプレゼントするほどの情熱家。
このとんでもない行動を見た女性の両親はゴッホを追い払った。

question

43

家族写真

19世紀。イギリスで撮影されたこの家族写真。

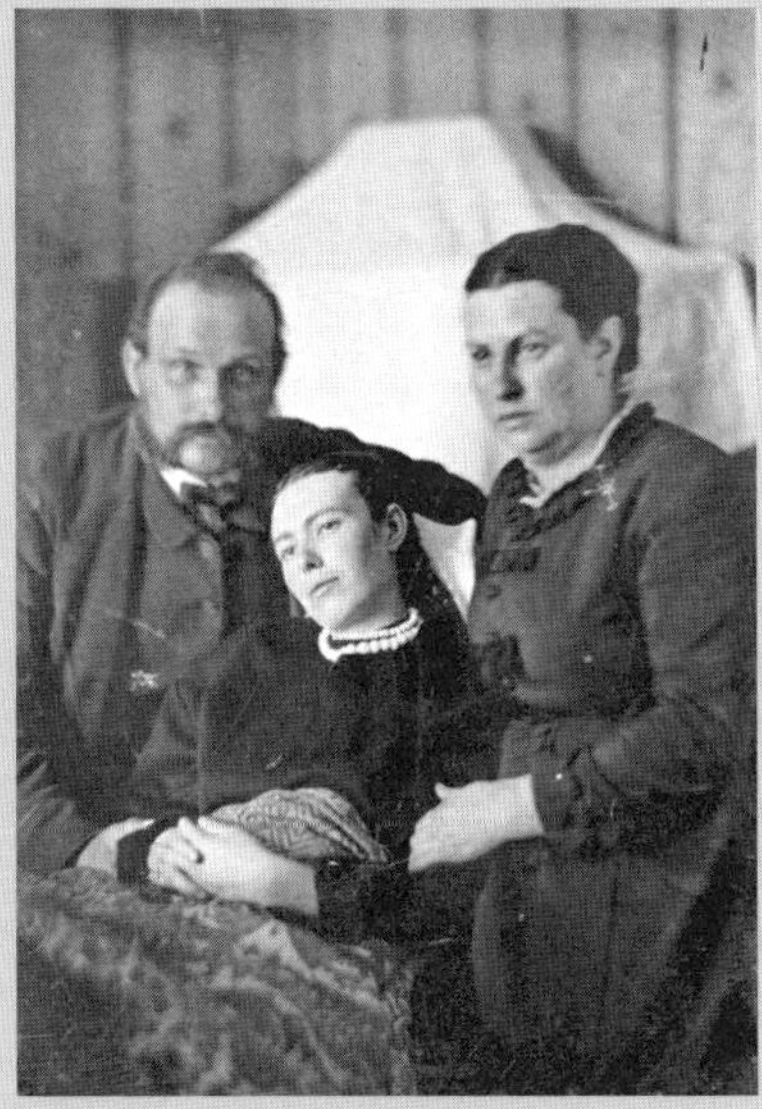

この写真に隠された秘密とは？

answer

43

娘が亡くなっている

19世紀イギリスでは故人を弔うために遺体と記念写真を撮る風習があったと言われている。

当時のカメラの技術だとシャッタースピードが遅いため少しでも動くとブレてしまう。真ん中の女性は亡くなっているため全くブレていない。

chapter 3

画像から読み解く
世界で
一番怖い答え

chapter

3

本章の問題には、文章のほかに画像が登場する。必ずしもその画像の中に答えがあるとは限らないが、画像をじっくり見れば、何かが見つかるかもしれない。恐怖の真実を、あなたは見つけることができるだろうか……。

question

44

ルームツアー

これは、ある動画サイトにあげられたアイドル活動をしている女性の話。

「ジャジャーン！　それでは、今から私の部屋を紹介していきたいと思いまーす！　ルームツアーのはじまりはじまり～」

カメラを手に持ち、自撮りしながら高めのテンションで歩き進む。

「じゃあ次は、寝室を見せちゃおうかな～？　ベッドは普通で～す。でも、みんな見たかったでしょ（笑）」

かわいらしく冗談を言いながら、彼女のルームツアーは進んでいく。

綺麗に整えられた化粧ドレッサーを映すと、彼女はこう言った。

「続いては、私を綺麗にしてくれる重要な場所でーす！」

化粧ドレッサーの台には、「くラレ。Uロキフラセソサソ」と書かれた一枚の紙が置かれていた。

と、ここでルームツアーは突然終了。

この暗号に込められた恐ろしい謎とは？

『くラレ。
Uロキフラ
セソサソ』

answer

44

女性は監禁されていた

ルームツアーが終了する間際に映し出された謎の暗号文。これはいわゆる鏡文字で、反転すると「カンキン　コロサレル　ヘルプ」と読めるようになる。

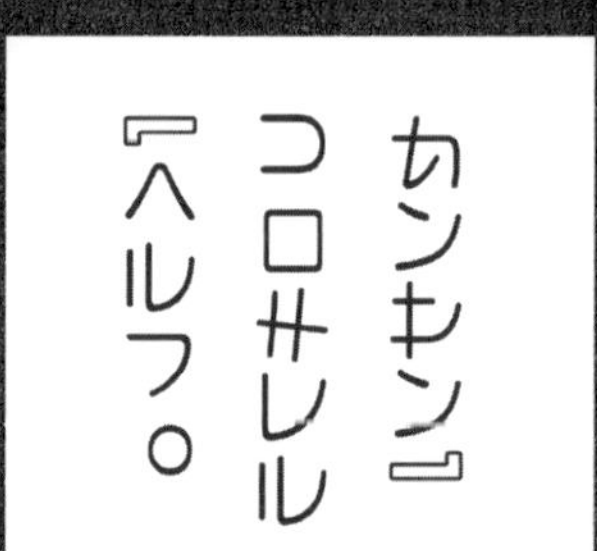

question

45

1人暮らし

これは1人暮らしの部屋を撮影したものである。
そこにはベッドから起きて身支度を整える女性の姿が映っていたのだが……。

このあと起こった、ビデオカメラに映り込んだゾッとする事実とは？

answer

45

本当の住人が帰ってきた

以前から異変を感じていた住人の男性が部屋に仕掛けていたビデオカメラに映った事実。そこに映っていたのは住人の男性に好意を寄せる女性が勝手に忍び込んで生活している姿だった……。よく見ると便座が上がっていたり、髭剃りがあったり、クローゼットの服が全て男物だったり……。

question

46

あおり運転

カップルが走行中、唐突に後続車からクラクション音がけたたましく鳴り響いた。

「あれ、これってあおり運転だよね？ まだ追ってくるよ……」

するとまたクラクション音が聞こえる。

「おいおいマジかよ……。怖いよね？ でも大丈夫、大丈夫だからね、心配しないで……。俺がついているから」

さらに、あおり運転はエスカレートし、クラクション音がだんだん大きくなっていく。

すると、ドライブレコーダーの映像には、あおり運転をしてきたクルマが前方に回り込んで路肩に停車する様子が映る。金髪の男が車を降りて、こちらへ文句を言いながら向かってくる。ネットにあげるためだろうか？ 金髪の男は携帯電話で撮影をしているようだ。

「やばい、降りてきた……。こっちに向かってくるよ……」

顔は見えないものの、助手席には白い服を着た女性が座っている。ダッシュボードにはホットコーヒーの缶。後部座席には、スコップなどアウトドア用品が見える。

「おいテメエ、さっき俺のクルマを追い抜いただろ！

おい、窓を開けろよ、開けろっつってんの、根性なしが！」

あおり運転の男が挑発を続けると、男性はウィーンとフロントドアガラスの窓を開けた、すると
「うわぁ〜!!」

と腰を抜かす金髪男性。

「キミには指一本、触れさせないからね……」

そう男はつぶやき車は発進した。

さて、この出来事に隠された恐ろしいこととは？

answer

46

助手席の女性が死体

助手席で怯える彼女を安心させようと、声をかける優しそうな男性。しかし、女性はまったく口をきいていない。実は、助手席に座っている女性はすでに亡くなっているのだ。後部座席のスコップなどは、アウトドア用品ではなく、彼女の遺体を遺棄するためのもの。この男は、怯える彼女を安心させようと優しく話しかけるいい彼氏なんかではなく、自分が殺した死体に話しかける異常者だったのだ。

question

47

彼氏の家

「何、撮ってるんだよ〜」

「今日は、はじめて妹に彼氏を紹介する記念日なんだから！」

「どんな記念だよ。それに、妹を紹介するのになんで俺の家なの？　別にリカの家でよかったじゃん」

「ピンポーン」とドアホンが鳴る。どうやら妹のユウコが到着したようだ。

「来たかもー！　早く撮って」と、リカは携帯電話のカメラをシンジに渡し、ユウコを玄関まで出迎えた。

「ああ、いらっしゃーい！　意外と早かったねー。道に迷わなかった？　私、最初の頃、すごい迷ったのに……」

「それはお姉ちゃんがドジだからでしょ〜。どうも、お邪魔します」

初対面のシンジとユウコの2人はお互いに自己紹介をする。

「そうだ！　来る時、美味しそうなシュークリームがあったので買ってきました！」

「ああ！　シュークリームだ！　これどこのもの？」

「どこだったっけな、たしか駅の近くだったはずなんだけど……ちょっと待ってね」と、ユウコは店の場所を調べている。

さて、この話に隠されたゾッとする事実とは？

「あ、これこれ！」とユウコは携帯電話で調べた店の情報を見せた。

「ごめん。ちょっと手を洗いたいから、お手洗い借りてもいい？」

「いいよ、キッチンのうしろのドア。好きに使っちゃって」

「お前は家主ではないだろ」

ユウコがトイレに行ったあとも、2人で美味しそうなシュークリームを見ながら楽しそうに話している。

answer

47

実はユウコとシンジは関係を持っていた

彼女であるリカは、彼の家までの道のりを何度も迷ったが、ユウコは初めてにもかかわらず迷わずに来ることができた。これだけなら偶然かとも思うが、実は決定的な証拠が携帯電話の画面に残されていた。シュークリームのお店を検索した画面をリカに見せたユウコ。ユウコの携帯電話は、なぜかWi-Fiがつながっている。つまり、ユウコは以前にもシンジの部屋を訪れたことがあるということ。姉のリカには内緒で、ユウコはシンジとできていたのだ。

question

48

遭難

「私たちは遭難して、３日目になります」

スマホの動画に映し出されたのは、山の中にいると思われる１人の女性。顔や服には泥がついていて、かなり憔悴《しょうすい》しているようである。

そう話す彼女のうしろから、もう２人の女性が出てきた。そのうちの１人は怪我をしており、歩くのもままならない様子だ。スマホの画面は何度か切り替わりながらも、助けを求めながら必死に山を彷徨《さまよ》っている３人の姿が映し出される。

「ごめんね、迷惑かけちゃって……」

「大丈夫だよ。こんな時だからこそ、みんなで協力しなきゃ！」

山小屋を見つけた彼女たち。３人で山小屋の中に入っていく様子をカメラは追いかけていた。

雨風はしのげるようになったものの、残された食料はあとわずかしかないようだ。

「サキ、これ食べたら？ さっき食べてなかったよね？」

question 48

「うん……ありがとう……」

夜になって気温も段々と寒くなってきた。食料も底をつき、彼女たちの体力も限界のようだ。

朝を迎えて、3人の女性は何かを決心した様子で立ち上がった。

「食料もないし、私たちここで死ぬのかな?」

「あきらめたら終わりだからね」

「絶対に助かるから！」

「行こう……！」

食料がなくなるという絶体絶命の状況だったにもかかわらず、10日後に3人の登山者たちは無事に生還することができた。

この話に隠された恐ろしい事実とは？

answer

48

4人目の人物がいる

彼女たちが山小屋を見つけた時、山小屋へと入る3人の様子がカメラに映し出されていた。つまり、3人を撮影していた4人目の人物がいたのだ。リュックもよく見ると4つある。食料が尽きてしまったにもかかわらず、それから10日間生き延びた3人の生還者。4人目の女性は、おそらく彼女たちの食料にされてしまったのだろう……。

question

49

プリペイドカード

アイドルがファンの子からカフェのプリペイドカードをもらいました。

「ありがとうございます！」

後日起きた恐ろしいこととは？

answer

49

家を特定された

「すでに会員登録されたカード」をプレゼントされた場合、送り主に悪意があればカードを使った利用日時や利用店舗の情報が見られてしまう。よく行く近所のカフェでカードを利用してしまったため付近を張られて家を特定されてしまったのだ。

使用する際は裏面が削れてPIN番号が見える状態になっていないか確認して使用しよう。

question

50

監視カメラ1

～監視カメラ１～

～監視カメラ２～

4台の監視カメラが捉えた恐ろしい真実とは？

～監視カメラ3～

～監視カメラ4～

answer

50

不倫している夫を妻が尾行している

監視カメラ1に映っていた夫婦の旦那は、妻に見送られたあとに不倫をしていた。その証拠となるのが、監視カメラ2に映っている腕を絡めて歩く男女である。旦那と不倫相手は、監視カメラ3でホテルにチェックインする様子も映し出されている。

どの映像にも旦那に不倫をされている妻が映っている。監視カメラ4では、信号待ちをしている旦那のすぐうしろにいたが、この直後に旦那は妻に背中を押されてクルマにひかれ、帰らぬ人となった。

question

51

監視カメラ2

これは、あるホテルで撮影された監視カメラの映像である。

『検温とアルコール消毒をお願いいたします』
「はい、ほら、ここで遊んでないで行くぞ〜」
『ありがとうございました。チェックインはあちらでお願いします』

家族は受付を済ませ、フロントへと進んでいった。

しばらくして——

「すみません！」
『はい、どうされました？』

「息子が見当たらないんです！　さっきまで一緒にいたはずなんですが、気づいたらいなくなっていて……」

『では、迷子が来ていないか確認してみますね』

「ありがとうございます。お願いします」

ロビーは多くの人であふれており、はぐれてしまうのもうなずける。

監視カメラがとらえたゾッとする事実とは？

answer

51

子どもが誘拐されている

キャリーバッグを引くビジネスマンを見てみると、人間の体温よりも低いはずのキャリーバッグがサーモグラフィー越しに黄色く反応を示している。

体温などの温度が検知できるものが、この中に入っていると考えるのが妥当だろう。

だとするならば、男の引くキャリーバッグに迷子になった子どもが閉じ込められている可能性が高い。

問題は以上となる。
ここまで辿り着き、
正解を導き出したあなたには
「ナイスホラリスト」の
称号を与えたい。

あとがき

いかがでしたか？　珠玉の51問はご満足いただけましたか？

まえがきで出題した問題の答えは、「外の世界」でした。

もの心ついた頃から、この子どもは誘拐され、そしてずっとカギのかかった暗い部屋で監禁されていたのかもしれません。とても恐ろしいですね。

奇しくも「監禁」をテーマにした問題が本書には2問もあるなんてと驚いた方もいるかもしれません。

さらに、ストーカーネタはその倍以上ありますが、その一方でレアなのが「心霊系」で、特に多いのが「人怖系」です。

定番ですが結局一番怖いのは〝ヒト〟だと思います。恐怖があるのはやはり〝ヒト〟の心の中なのかもしれません。〝ヒト〟＋〝恐怖〟という黄金の組み合わせが本書の強みです。

決して問題を飛ばして「答え」からは見ないでください。そして、また次回、会える日を楽しみにしています。

フジテレビ「世界で一番怖い答え」製作委員会

STAFF

問題制作
水野将良
はやせやすひろ（都市ボーイズ）
岸本誠（都市ボーイズ）
片岡章博
諸橋隼人
いけんどなおき
宇津呂鹿太郎
野崎由佳

カバーデザイン
西垂水敦、内田裕乃（krran）

本文デザイン
別府拓（Q.design）

DTP
ハタ・メディア工房株式会社

編集
和田奈津子、齋藤萌香（宝島社）

執筆協力
細谷健次朗
吉川はるか

演出
岡　亨（イースト・ファクトリー）

チーフプロデューサー
堀川香奈（フジテレビジョン）

プロデューサー
寺田裕（フジテレビジョン）
梅原萌（イースト・ファクトリー）

監修
有田哲平（くりぃむしちゅー）
長江俊和（ネビュラ）

番組制作協力
EAST FACTORY

番組制作著作
フジテレビジョン

協力　株式会社フジテレビジョン
株式会社イースト・ファクトリー
株式会社ナチュラルエイト

世界で一番怖い答え

2023年9月1日　第1刷発行

監　修　世界で一番怖い答え 製作委員会

発行人　蓮見清一

発行所　株式会社宝島社
〒102-8388
東京都千代田区一番町25番地
電話（営業）03-3234-4621
（編集）03-3239-0928
https://tkj.jp

印刷・製本　サンケイ総合印刷株式会社

Printed in Japan
ISBN 978-4-299-04474-7